Bibliografische Information der Deutschen Nationalbibliothek:

Die Deutsche Bibliothek verzeichnet diese Publikation in der Deutschen National-
bibliografie; detaillierte bibliografische Daten sind im Internet über http://dnb.d-
nb.de/ abrufbar.

Impressum:

Copyright © 2011 GRIN Verlag, Open Publishing GmbH
Druck und Bindung: Books on Demand GmbH, Norderstedt Germany
ISBN: 978-3-656-86849-1

Sven Burkart

Hochwassermanagement und regionale Entwicklung in Zentralthailand

GRIN Verlag

Sven Burkart

Hochwassermanagement und regionale Entwicklung in Zentral-Thailand

Studienprojekt im Masterstudiengang

Regionalwissenschaft und Raumplanung,

2011

Inhaltsverzeichnis

Abbildungsverzeichnis

Tabellenverzeichnis

Zusammenfassung

Hochwasser sind die häufigste natürliche Katastrophenform in (Zentral)Thailand. Die Ursachen sind nicht nur in natürlichen Phänomenen, wie dem jährlichen Monsun zu suchen, sondern auch bei anthropogenen Einflüssen, welche die Auswirkungen der Hochwasser begünstigen. Diese werden in dieser Arbeit für die Untersuchungsregion dargelegt. Hinsichtlich der regionalen Entwicklung in Thailand werden durch ein nicht befriedigendes Hochwassermanagement Zusammenhänge vermutet, die den Fortschritt der lokalen Bevölkerung zu hemmen scheinen. Des Weiteren befasst sich die Arbeit mit den politisch-administrativen Gegebenheiten des Königreichs Thailand, die in puncto Organisation und Dezentralisierung untersucht werden. Dabei spielt auch die Partizipation eine große Rolle. Die Beteiligung der von Hochwasser betroffenen Bevölkerung an der Organisation und Koordination auf lokaler Ebene soll zu mehr Entwicklung und Selbstbestimmung beitragen. Hierfür wird die Funktion des Hochwassermanagements in Thailand beleuchtet und anhand anderer Projekte und Empfehlungen versucht eine Übertragbarkeit für die Untersuchungsregion in Zentral-Thailand herzustellen. Ziel der Arbeit ist es, eine wissenschaftliche Basis in Form des derzeitigen Kenntnisstands genannter Problem- und Fragestellungen zu erarbeiten, welche im Rahmen eines Feldforschungsaufenthalts zur Bearbeitung der Masterthesis führen soll.

Die Literaturrecherche gestaltete sich aufgrund der Vielzahl an Material in der Auswahl schwierig, jedoch kann als ein hervorzuhebendes Ergebnis die noch vorhandene Vorreiterrolle von strukturellen Maßnahmen im Hochwasserschutz ausgemacht werden (Baumaßnahmen wie bspw. Dämme). Die Beteiligung der Betroffenen wird zwar in allen Bereichen hervorgehoben und als wichtiges Element erachtet, in der praktischen Umsetzung hingegen bleiben die damit verbundenen Dezentralisierungsreformen wegen organisatorischen Schwächen der zuständigen Administrationen meist auf der Strecke. Die Umnutzung der landwirtschaftlichen Flächen, die als natürliche Retentionsflächen für den Reisanbau genutzt werden in Areale für Industrieansiedlungen sind die ausgemachten anthropogenen Einflüsse für die erhöhte Hochwassergefahr in Zentral-Thailand. Einerseits haben die Reisbauern durch die dort geschaffenen Arbeitsplätze eine bessere finanzielle Perspektive, andererseits müssen sie mit der ständigen Gefahr leben, ihre Wohnstätten und Grundstücke durch Überschwemmungen zu verlieren. Eine bessere Planung mit der Einflussnahme der betroffenen Bevölkerung und deren vorhandenem lokalen Wissen ließe auf dem Gebiet des Hochwassermanagement Verbesserungen erzielen.

Schlüsselwörter: Thailand, Hochwasser, Hochwassermanagement, Dezentralisierung, Partizipation, Organisationen, regionale Entwicklung

1 Hochwasser und regionale Entwicklung – eine Hinführung zum Thema

Das Königreich Thailand ist geprägt vom Reisanbau. DONNER (1989a, S.54) beschreibt dies prosaisch: „(...) wer in der rechten Jahreszeit die Zentralebene Thailands aus der Luft oder dem Wagen sieht, muss angesichts der endlosen grünen Reisfelder den Eindruck bekommen, dass dieses Land ein überquellender, von wohlhabenden Bauern ständig neu gefüllter Nahrungskorb ist." Mit Hinblick auf solche Darstellungen stellt sich die Frage, wie ein zwangsläufig dem Kreislauf des Wassers ausgesetztes Land mit der Klimaveränderung, Landnutzungsänderungen sowie erhöhtem Siedlungsruck und den damit verbundenen Hochwasserereignissen zurechtkommt. CORNWEL-SMITH (2010, S. 36) schreibt: „Die Wasserkultur hat in Thailand schon immer die Landkultur beeinflusst, weil Regen und Überflutungen die Architektur, die Ernte, die Rituale, den Krieg, das Reisen und vieles mehr dominiert haben." Dies hat sich über die Jahrhunderte erhalten und ist trotz der zunehmenden Überprägung durch Aufschüttung und Verbauung der landschaftstypischen Kanäle (Khlongs), insbesondere in Zentral-Thailand rund um Bangkok, noch deutlich sichtbar. Mit Flutereignissen hat sich die thailändische Bevölkerung schon von jeher auseinandersetzen müssen, jedoch ist die Hochwasserintensität, die, auch bedingt durch Zunahme der Siedlungsdichte und globalen Klimawandel, sehr fortgeschritten. Überschwemmungen durch saisonale Monsunstürme haben in Thailand alleine im Herbst 2010 Schäden in Höhe von über 100 Milliarden Thai ฿ (ca. 2,5 Milliarden €)[1] verursacht (BANGKOK POST, 2010), so eine Annahme des National Economic and Social Development Board (NESDB). Die Anzahl der Todesopfer betrug 257, wobei die Zahl betroffener Haushalte durch Auswirkungen der Überschwemmungen 700.000 überstieg (ADRC, 2010). Abb. 1 und 2 zeigen die auf Hilfsleistungen wartende Bevölkerung in der Provinz Ayutthaya bzw. die Mitte Dezember 2010 von Hochwasser betroffenen Provinzen in Zentral-Thailand. Die Anzahl der Haushalte bezieht sich dabei auf die Flächengröße der jeweiligen Provinz. Man erkennt zudem, dass das als Provinz mit Sonderstatus geführte Bangkok im Zusammenhang mit den Überschwemmungen keine Opfer zu beklagen hat, was auf den besonderen Schutzstatus der thailändischen Hauptstadt zurückzuführen ist. So führen strukturelle Maßnahmen im Hochwasserschutz (z.B. Umleitungen von Fließgewässern und Kanälen) mehrheitlich zur Überflutung der umliegenden Provinzen, so dass die Metropole Bangkok von Überschwemmungen verschont bleibt.

Abbildung 1: Hochwasser in Ayutthaya, 2010. Warten auf Hilfeleistungen. (Quelle: URL:http://farm2.static.flickr.com/1345/5104922047 _321da0cefd_o.jpg)

[1] Wechselkurs des thailändischen Baht (Thai ฿), Stand: 22.08.2011: 1€ = 43,00 Thai ฿ (Quelle: URL: http://www.xe.com/ucc/convert/?Amount=1&From=EUR&To=THB)

Im August 2011 war die Hochwasserlage in Thailand, auch hervorgerufen durch den Tropensturm „Nock-ten", ebenfalls wieder als sehr kritisch einzustufen (37 Tote bis zum 22.08.2011; BANGKOK POST, 2011). Weltweit nimmt die heutige Gesellschaft durch Unterstützung und den Einsatz des Internets Katastrophenereignisse bewusster wahr. Beispiele hierfür sind die beiden Seebeben mit Tsunami und daraus resultierenden Überschwemmungen in Japan (März 2011) bzw. im Indischen Ozean (Dezember 2004). Der Tsunami von 2004 hat Thailands Katastrophenmanagement zum ersten Mal der Allgemeinheit offenbart (AMORNTHIP, 2010). Die Hochwasserproblematik hat nicht nur Ur-

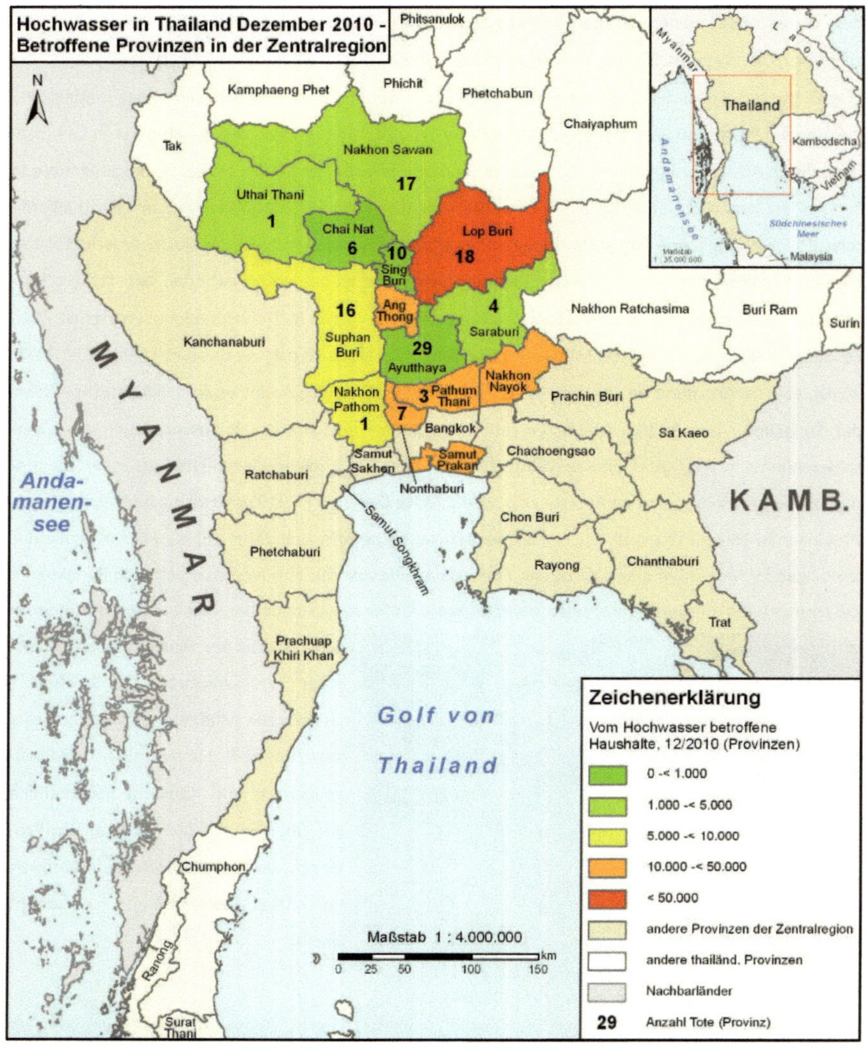

Abbildung 2: Hochwasser in Thailand – Betroffene Provinzen in der Zentral-Region (Eigene Graphik, Quelle: Department of Disaster Prevention and Mitigation (13.12.2010); Datengrundlage Karte: URL: http://www.diva-gis.org/gData)

sachen, welche in der Natur zu suchen sind, denn auf die jährlichen Regenfälle ist die Bevölkerung konditioniert. Vielmehr gilt für hydrometeorologische Risiken (PARKER, 1999), und dazu sind in Thailand Hochwasser zu zählen, dass die Flächeninanspruchnahme im Umfeld der Fließgewässer durch dort siedelnde und arbeitende Menschen ein zusätzliches Risiko darstellen. Die Vorbeugung (Prävention) vor Überschwemmungen und die Hilfs- und Wiederaufbaumaßnahmen nach solchen Katastrophen stellen eine große Herausforderung dar; hierbei spricht man vom Oberbegriff des Hochwassermanagements. Im Gegensatz zur Prävention ist jedoch auch die Notwendigkeit von (natürlichen) Überflutungen im Zusammenhang mit der Bewässerung für den Reisanbau zu betrachten.

In dieser Arbeit soll das Hochwassermanagement für (Zentral)Thailand beleuchtet werden, d.h. die beteiligten Akteure und die Möglichkeiten und Methoden, wie vor Ort Hochwasserschutz und Hilfe bei Flutereignissen organisiert ist. Weiterer Bestandteil der vorliegenden Arbeit ist die Wirkung bzw. Abhängigkeit regionaler Entwicklung unter Betrachtung oben erwähnter Hochwasserereignisse. Die Untersuchungsregion (auch für die angestrebte Feldforschung) liegt in der zentral-thailändischen Provinz Phra Nakhon Si Ayutthaya, kurz Ayutthaya, deren gleichnamige Hauptstadt bis ins 18. Jh. auch Hauptstadt des damaligen Siam war.

Zu Beginn wird auf die Problemstellung eingegangen und inwiefern sich Thailand für eine solche Untersuchung eignet. Anschließend folgt eine Beschreibung der Untersuchungsregion in seiner naturräumlichen Gliederung und regionalem Kontext (Zentral-Thailand). In den Kapiteln 4 **(Was sind die Zielsetzungen für die regionale Entwicklung im Zusammenhang mit dem Dezentralisierungsprozess in Thailand?)**, 5 **(Welche Ursachen sind neben Monsunregen noch für Hochwasser verantwortlich und welche Akteure sind am Hochwassermanagement beteiligt?)** und 6 **(Wie funktioniert das Hochwassermanagement und wie sieht die Partizipation der Bevölkerung in diesem Zusammenhang aus?)** werden relevante Fragestellungen behandelt und soweit möglich anhand konkreter Beispiele verdeutlicht. Den Abschluss dieser Arbeit (Kapitel 7) bildet ein Fazit, welches die Arbeit nochmals reflektiert und einen Ausblick auf die Feldforschung geben soll.

2 Problemstellung und Methodik

2.1 Problemstellung

Das Klima Südostasiens ist vom Monsun geprägt (VORLAUFER, 2011). Die jährlichen Starkregenereignisse durch den Südwest-Monsun (in den Sommermonaten der nördlichen Hemisphäre) resp. Nordost-Monsun (Wintermonate auf der Nordhalbkugel) verursachen starke Überschwemmungen. Hinzu kommen mehr und mehr tropische Wirbelstürme (Zyklone und Taifune), (bspw. Zyklon „Nargis" im April/Mai 2008 in Myanmar). HERGET (2008) erwähnt neben der unmittelbaren Einwirkung eines Hochwassers zudem auch die Bedeutung von Folgeschäden, deren finanzielles Gewicht die Schadenswirkung des Wassers übersteigen kann. Hochwasser sind in Thailand trotz negativer Folgen aber notwendig, da ein Großteil der Landbevölkerung vom Nassreisanbau abhängig ist. Steigt jedoch der Wasserspiegel aufgrund sehr hoher Niederschläge über das Normalniveau, so wird vielen Reisbauern die Lebensgrundlage entzogen, da die Wassermassen nicht entsprechend abfließen können und somit die Ernte zerstören. Insbesondere in der Zentralebene, dem Kernland des Königreichs, welches vom ca. 160.000 km² großen Einzugsgebiet (etwa 30 % der Gesamtfläche Thailands) des Chao Phraya geprägt ist (MOLLE, 2007), verursachen die Überflutungen v.a. nördlich der Metropole Bangkok enorme Probleme. Bangkok selbst ist zudem vom Tidenhub des Golfs von Thailand abhängig. Kommen beide Ereignisse in ungünstigem Moment zusammen, so lässt sich das Ausmaß der Katastrophe für die thailändische Millionenmetropole erahnen. Abb. 3 (Kapitel 3.1) verdeutlicht die Lage und Größe des Einzugsbereichs des Chao Phraya. Nach MOLLE (2007) ist dieses Gebiet zusätzlich in Sub-Einzugsgebiete unterteilt, die in dieser Arbeit eine untergeordnete Rolle spielen. Durch die zahlreichen Zuflüsse zum Delta des Chao Phraya, welches etwa ab dem Chao-Phraya-Damm beginnt (siehe auch Abb. 3), ist die Hochwassergefahr v.a. in den tief liegenden Regionen nördlich von Bangkok sehr hoch.

Die Koordination der jährlichen Hochwasserereignisse ist für die verantwortlichen Institutionen schwierig und erfordert für diese Arbeit einen Blick auf die administrative Organisation dieser Instanzen und Entscheidungsträger, ausgehend von der nationalen bis hin zur lokalen Ebene. Im Zuge der Dezentralisierungsreform muss auch das politische System Thailands beleuchtet werden. Dabei liegt das Augenmerk auf der regionalen Entwicklung, d.h. inwieweit der Prozess der Dezentralisierung voranschreitet und welche Instrumentarien hierfür eingesetzt werden. Weitere Klärungspunkte sind die Wirkung jährlicher Überflutungen auf die Entwicklung im regionalen Kontext und insbesondere die Partizipation der von Hochwasser betroffenen Bevölkerung. Thailand stellt sich insofern als gutes Beispiel zur Untersuchung dieser Fragen dar, da es geographisch, politisch und gesellschaftlich zur Problemstellung passt und die in der Arbeit aufgegriffenen Themen zum Alltag dieses Landes gehören.

2.2 Methodik

Die Erarbeitung des Themas vollzieht sich anhand der Ermittlung des derzeitigen Forschungs- bzw. Kenntnisstands hierzu. Dabei soll ein allgemeiner theoretischer Zugang zu den Fragestellungen und damit verbundenen Begrifflichkeiten hilfreich sein. Dies betrifft in Kapitel 4 den Begriff der Dezentralisierung bzw. die Verdeutlichung regionaler Disparitäten. Für die Fragestellung hinsichtlich der Organisationsstruktur von Hochwassermanagement (Abschnitt 5) wird auf die allgemeine Praxis und Funktion von Organisationen hingewiesen. Ebenso Gegenstand der Betrachtung ist in Kapitel 6 eine allgemeine Erläuterung und Hinführung zum Begriff der Partizipation. Zur Unterstützung der Methodik und Herangehensweise wird auch auf Kartenmaterial zurückgegriffen, welches in dieser Arbeit vom Autor selbst erstellt wurde. Des Weiteren werden Daten der amtlichen Statistik herangezogen.

3 Der Untersuchungsraum

3.1 Zentral-Thailand

Thailand liegt in seiner gesamten Ausdehnung in den Tropen und wies 2009 auf einer Fläche von
513.115 km² eine Gesamtbevölkerung von 67,8 Millionen Einwohnern auf (BLECHSCHMIDT et al.,
2010). Die amtliche Statistik, Karten und Literatur offenbaren bisweilen eine uneinheitliche Zuord-
nung der zentral-thailändischen Provinzen (*Changwats*). In dieser Arbeit wird grundsätzlich die Eintei-
lung des Department of Disaster Prevention and Mitigation (DDPM) verwendet. Diese findet in den
Veröffentlichungen zu aktuellen Hochwasserlagen Anwendung (siehe dazu auch Abb. 2). Im Hinblick
auf das thailändische Hochwassermanagement kommt dem Fluss Chao Phraya eine zentrale Bedeutung zu. Der Reisanbau innerhalb des Einzugsgebiets des Chao Phraya stellt für einen beachtlichen
Teil der dortigen Bevölkerung die essentielle Lebensgrundlage dar. Geprägt von morphologischen
Aufschüttungen, welche aus einer Sedimentschichten mit einer Mächtigkeit von ca. 300 m bestehen,
die sich wechselweise aus Schlicken, Sanden und Tonen zusammensetzen (DONNER, 1989b), ist der
Boden für den Nassreisanbau ideal. Bangkok, das politische und wirtschaftliche Zentrum Thailands,
bildet im Mündungsbereich des Chao Phraya zum Golf von Thailand bzw. dem Südchinesischen Meer
die natürliche Grenze im Süden der Zentralregion. Im Norden ist die Grenze grob in der Mitte des
Flusseinzugsgebiets des Chao Phraya zu ziehen. Zur Verdeutlichung der Lage der Zentralregion und
des Chao Phraya-Beckens siehe auch Abb.3 auf der nächsten Seite.

Abbildung 3: Einzugsgebiet des Chao Phraya. (Eigene Graphik, verändert nach Molle, 2007; Datengrundlage Karte: URL: http://www.diva-gis.org/gData)

Für die Bewässerung der Reisfelder wurde seit dem 19. Jh. ein Wasser- und Drainagesystem mit Kanälen entwickelt und umgesetzt, welches auch die saisonalen Monsunregen berücksichtigt bzw. nutzen kann und des Weiteren auch eine Flutkontrolle umfasst (VORLAUFER, 2011). Gezielte Maßnahmen im Zusammenhang mit der Bewässerung der Agrarflächen waren zum späteren Zeitpunkt weiterhin diverse Staudammprojekte am Ober- und Mittellauf des Chao Phraya bzw. dessen Nebenflüssen Ping und Nan. Zu nennen wären hier insbesondere der Bhumibol- und Sirikit-Damm. Die hieraus, v.a. während der Monsunzeiten (Südwest-Monsun von Mai bis Oktober bzw. Nordost-Monsun von November bis Mitte Februar), resultierende Flutregulierung kam auch der Problematik des Tidenhubs im Deltabereich bei Bangkok zugute, welche ein Zusammentreffen von etwaigen gleichzeitigen Hochwasserereignissen entsprechend abschwächt. Klimatisch gesehen weist das zentrale Tiefland verhältnismäßig einheitliche Gegebenheiten auf (DONNER, 1989b). Der durchschnittliche jährliche Niederschlag im Einzugsgebiets des Chao Phraya bewegt sich zwischen 1.000 und 1.400 mm (SIRIPONG et al., 2000).

Neben des Gebrauchs seines Wassers als natürliche Grundlage für den Agrarsektor hat der Chao Phraya auch eine Funktion zur Energiegewinnung (2 große Wasserkraftwerke am Bhumibol- bzw. Sirikit-Damm), zur Nutzung durch die angesiedelte Industrie im Einzugsbereich des Flusses sowie der häuslichen Verwendung durch die einheimische Bevölkerung (PATTANEE, 2006). Das zunehmende wirtschaftliche und industrielle Wachstum der Metropole Bangkok und seinen unmittelbar angrenzenden Provinzen sowie die Bevölkerungszunahme haben den Bedarf an Brauchwasser in den letzten Jahren stetig erhöht. So wird sich nach Prognosen des Royal Irrigation Department (RID) aus dem Jahr 1999 der Bedarf an Brauchwasser bis zum Jahr 2020 zum Vergleich von 1996 (27,395 MCM)[2] auf 33,185 MCM erhöhen (PATTANEE, 2006).

3.2 Phra Nakhon Si Ayutthaya

Die aus dieser Arbeit resultierenden Erkenntnisse bzgl. des aktuellen Forschungsstands im Bereich Hochwassermanagement in Thailand sollen im Rahmen eines Feldaufenthalts vertieft werden. In diesem Kontext wurde vorab als konkrete Untersuchungsregion die zentral-thailändische Provinz Ayutthaya ausgewählt, auf welche im Folgenden in Kurzform landeskundlich eingegangen wird. Der nördlich der Metropolregion Bangkok gelegenen Provinz und seiner gleichnamigen Hauptstadt kommt eine historische Bedeutung zu. Von 1351 bis 1767 war sie Hauptstadt des damaligen Siam, bis es von den Burmesen vollständig zerstört wurde und der Sitz der Hauptstadt in Thonburi bzw. Bangkok neu errichtet wurde (GRABOWSKY, 2010). Die zerstörten Tempelanlagen und Paläste sind heute ein touristischer Anziehungspunkt und haben als sog. „Ayutthaya Historical Park" UNESCO-Weltkulturerbe-Status. Als kulturelles Zentrum und aufgrund der Nähe zu Bangkok ist Ayutthaya Bestandteil einer klassischen Thailand-Rundreise und Ziel von Tagestouristen. In Ayutthaya befinden sich sehr große Flächen, die für den Reisanbau genutzt werden. 1969 wurde die Provinz in einem Projekt vom Chulalongkorn University Social Research Institute (CUSRI) als „center of rice culture" bezeichnet (VEERAVONG und PONGSAPICH, 2000). In zunehmendem Maße wurde Ayutthaya aber auch von der Industrialisierung erfasst, was auf die steigende Problematik nicht zur Verfügung stehender Flächen für Industrieansiedlung in Bangkok zurückgeht und mehr und mehr zur Urbanisierung der Provinz führt. Als Untersuchungsregion ist Ayutthaya zusammengefasst aus folgenden geographischen und sozioökonomischen Gründen geeignet:

- die Lage und der Einfluss des Chao Phraya, welcher durch die jährlichen Regenfälle regelmäßig über die Ufer tritt und für enorme Hochwasserschäden sowie Tote und Verletzte sorgt
- die Nähe zur Hauptstadt Bangkok und deren Einfluss auf die angrenzenden Regionen

---

[2] MCM: Millionen Kubikmeter. Maßeinheit für Rauminhalt.

- die sich abzeichnende Entwicklung im wirtschaftlichen Bereich, insbesondere durch Ansiedlung von Industrien, dem weiteren Ausbau des Tourismussektors und die „Transformation" von einer Agrarprovinz zu einer Industrie- und Dienstleistungsregion

Die Kombination der geographischen Verhältnisse, v.a. der Einfluss des Chao Phraya auf den Alltag der Bevölkerung der Provinz sowie der Ausbau des Industrie- und Dienstleistungssektors können sich in ihrer Summe und der Wirkung auf die Flächenverhältnisse vor Ort als sehr problematisch erweisen.

4 Dezentralisierung und regionale Entwicklung in Thailand

4.1 Politisches System und administrative Gliederung Thailands

Um die Thematik der regionalen Entwicklung in Thailand zu verstehen, bedarf es zunächst einer Übersicht über die Verwaltungsgliederung. Thailand ist in seiner Staatsform ein Königreich, welches seit 1932 die Form der konstitutionellen Monarchie ausübt (BAKER und PHONGPAICHIT, 2009). Hierbei hat das Staatsoberhaupt, König Bhumibol Adulyadej (Rama IX), seit 1946 inthronisiert und derzeit der am längsten amtierende Monarch weltweit, de facto keine politische Funktion.

Administrativ ist Thailand in 77 Provinzen (*Changwats*) gegliedert, die auch die Sonderverwaltungszone der Hauptstadt Bangkok einschließt. Die Dynamik und zentralistische Stellung Bangkoks ist unübersehbar. Weiterhin sind die Provinzen in Landkreise (*Amphoe*) unterteilt, namentlich 877 an der Zahl. Es folgt eine weitere Untergliederung in Kommunen (*Tambon*) und Dörfer (*Muban*).

4.2 Dezentralisierung als Entwicklungsschub auf Regionalebene

Nach einer Definition von SCHUBERT und KLEIN (2006, S. 78) meint Dezentralisierung einen „Sammelbegriff für politische Maßnahmen, die das Ziel haben, den unteren politischen Ebenen mehr Entscheidungsbefugnis und Verantwortung zu übertragen, i.d.R. um den überkommenen zentralistischen und hierarchischen Aufbau der staatlichen Verwaltung zu überwinden und die politischen Entscheidungsprozesse dort anzusiedeln, wo die zu lösenden Probleme auftreten." Durch

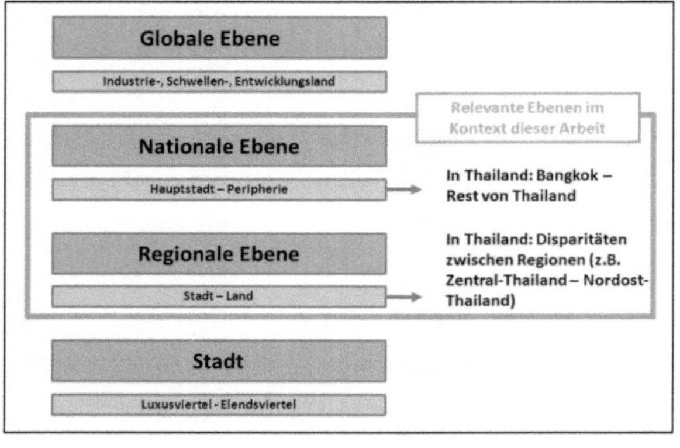

Abbildung 4: Maßstabsebenen räumlicher Disparitäten (Quelle: in Anlehnung an Diercke Spezial Südostasien, 2010, S. 48)

den Dezentralisierungsprozess sollen auch räumliche Disparitäten zwischen dem Zentrum Bangkok und den ländlichen Regionen bzw. auch zur Peripherie Bangkoks gemildert werden. Die Betrachtung räumlicher Disparitäten hilft dabei Entwicklungsprozesse im Untersuchungsgebiet einzuordnen (BLECHSCHMIDT et al., 2010) und beruht dabei auf diversen Maßstabsebenen, die in Anlehnung an Thailand in Abb. 4 verdeutlicht werden sollen. Hierbei spielen die globale bzw. die Stadt-Ebene eine untergeordnete Rolle. Die regionalen Ungleichheiten spiegelten sich auch in den Unruhen der letzten Jahre wider und sind im Zusammenhang mit den letzten Parlamentswahlen von besonderem Interesse (siehe dazu auch Abschnitt 4.5).

In Thailand wurden konkrete Dezentralisierungsbestrebungen im Jahr 1994 durch den sog. Tambon Administrative Organization Act (TAO) beschlossen und 1997 in die Verfassung aufgenommen (SOPCHOKCHAI, 2001). Diese Reform soll die Entwicklung der Provinzen und ländlichen Räume vorantreiben und auf Verwaltungsebene zu mehr Selbstbestimmung der Provinzen und deren weiteren administrativen Einheiten sowie insbesondere auch die Partizipation der Bevölkerung innerhalb ihrer Kommunen fördern (NATAKUATOONG, 2000). SOPCHOKCHAI (2001) schreibt weiter, dass der Prozess der Dezentralisierung in Thailand bereits seit über fünf Jahrzehnten in Gange ist, aber die Bevölkerung nur begrenzt Einfluss auf die regionale Politik nehmen konnte. Die Zielsetzungen wurden so gesehen nicht erreicht, auch wenn die Bemühungen der Zentralregierung nicht außer Acht gelassen werden können. Die Problematik liegt nach Meinung des Autors auch in der wechselnden Regierungsspitze Thailands, sind doch in den letzten 20 Jahren 13 Regierungswechsel vollzogen worden, teilweise unter militärischem Übergang. So sind die zahlreichen Unruhen seit dem Militärputsch 2006 ein Zeichen der Unzufriedenheit insbesondere der ärmeren Landbevölkerung mit dem Establishment in Bangkok.

SOPCHOKCHAI (2001) beschreibt das Grundgerüst der in der Verfassung verankerten Dezentralisierungspolitik anhand dreier Bereiche:

- **Organisation und Administration** (die Freiheit der Selbstverwaltung und Anpassung der lokalen Entwicklung nach den örtlichen Bedürfnissen)
- **Verantwortlichkeiten** (Verantwortung für (natürliche) Ressourcen und die Verwaltung der von der Zentralregierung zur Verfügung gestellten Finanzmittel)
- **Beteiligung der Bevölkerung** (Partizipation der lokalen Bewohner am öffentlichen Geschehen sowie Kontrolle und Beaufsichtigung der gewählten Vertreter öffentlicher Organe durch die Bevölkerung)

Die Umsetzung der Strategie soll zwangsläufig auch zu Bürokratieabbau führen. Es ist von großer Bedeutung, dass durch die Dezentralisierung und dem dadurch übertragenen Handlungs- und Entscheidungsspielraum bei der lokalen Bevölkerung das Selbstbewusstsein gestärkt wird und die Regionalentwicklung voranschreiten kann. Das Subsidiaritätsprinzip weitet sich nach Ansicht von HIJADAT

(2008) auch insbesondere auf die Katastrophenvorsorge aus. Gerade in diesem Zusammenhang ist die Ortskenntnis der Lokalbevölkerung von enormer Wichtigkeit. Eine Top-Down-Politik, welche Maßnahmen ohne konkrete Vertrautheit mit den räumlichen Gegebenheiten in einer Katastrophenregion durchsetzt, verstärkt die vorhandenen Disparitäten auf regionaler und lokaler Ebene und findet kaum Akzeptanz bei der Bevölkerung (HIJADAT, 2008). Ergänzend dazu muss erwähnt werden, dass in vielen Ländern das grundlegende Wissen bzgl. des Umgangs speziell mit Naturkatastrophen in der Bevölkerung, aber auch in staatlichen Institutionen, nicht vorhanden ist. Gleichzeitig hat sich laut SOPCHOKCHAI (2001) die Praxis der Aufsicht durch die zentrale Administration in Bezug auf die (regionale) Entwicklung und Ressourcenverteilung nicht geändert und die angestrebte Bottom-Up-Politik verfehlt.

4.3 Der „National Economic and Social Development Plan" (NESDP)

„A happy society with equity, fairness and resilience." (KUMPA, 2011, S.4). Mit dieser Vision, welche eine zufriedene Gesellschaft mit Gerechtigkeit, Fairness und Belastbarkeit verkündet, wird die thailändische Regierung im Herbst 2011 den „Eleventh National Economic and Social Development Plan" (NESDP) veröffentlichen. Verantwortlich für diese 5-Jahrespläne zeigt sich das dem Büro der Premierministerin von Thailand direkt unterstellte National Economic and Social Development Board (NESDB). Seit 1961 verabschieden die thailändischen Regierungen diese Agenden, welche in ihrer Funktion als Zielsetzung die nationale bzw. regionale Förderung der Entwicklung, insbesondere auch im ökonomischen Bereich haben. Inhaltlich sind in diesen Plänen unterschiedliche Schwerpunkte gesetzt. Mit der Einführung der neuen Verfassung im Jahr 1997 und hervorgehend aus dem TAO Act (Tambon Administration Act) hat im 1997 veröffentlichten „Eighth Plan" der Dezentralisierungsprozess in Thailand hohe Bedeutung (NATAKUATOONG, 2000). Interessant ist dieser ausdrücklich auch für den Bereich der Partizipation der lokalen Bevölkerung, der regionalen Entwicklung sowie auch zum Thema Hochwasser, wobei zu letztem Punkt auch die Einführung einer Institution zur Lösung von Hochwasserproblemen aufgeführt wird (MANUTA et al., 2006). Dadurch soll die Koordination und Organisation von nationaler auf die lokale Ebene im Katastrophenfall gestärkt werden. In Teil IV des „Eighth Plan" wird zunächst auf die Situation der ländlichen Bevölkerung eingegangen, denn diese hat hinsichtlich der prosperierenden Wirtschaft und der anhaltenden Globalisierung (Anm.: der „Eighth Plan" wurde vor der Wirtschaftskrise in Asien 1997 entworfen) am wenigsten Nutzen davontragen können. Die Zielvorstellungen lagen dabei insbesondere in der Verbesserung des Entwicklungspotentials der Bevölkerung und Kommunen in den Regionen und der Beteiligung der Menschen am Prozess der lokalen Entwicklung, wie auch schon in Kapitel 4.2 nach SOPCHOKCHAI (2001) beschrieben. Die Begünstigung der Partizipation der Bewohner in den Regionen soll Möglichkeiten zu mehr Unabhängigkeit und dadurch auch der selbständigen Lösung von Problemen, von denen die Bevölkerung nachhaltig profitieren soll, hervorbringen. Mit dem „Eighth Plan" ist somit eine inhaltliche Änderung gegenüber seinen Vorgängern ersichtlich, waren diese doch unter einer stark gegliederten Betrachtungsweise zu sehen und nicht unter gesamtheitlichen Aspekten, welche hier die Bereiche Wirtschaft, Gesellschaft und Umwelt gemeinsam aufgreifen (NESDB, 2007). Im „Tenth Plan" ist bzgl. der Dezentralisierung auch das erste Mal von „Gooc Governance" die Rede. Die kommende Auflage („Eleventh Plan") geht inhaltlich auf das in dieser Arbeit behandelte Thema „regionale Entwicklung" ein, jedoch sind dort keine Ausführungen zum Hochwasser- bzw. Katastrophenmanagement und der Beteiligung der Bevölkerung an diesem allgegenwärtigen Problem entnehmbar. Auf Basis des „Eighth Plan" hat sich das für den Katastrophenschutz verantwortliche Department of Disaster Prevention and Mitigation (DDPM) gegründet, welches in Kapitel 5.3 behandelt wird.

4.4 Die gegenwärtige Entwicklung in der Untersuchungsregion (Provinz Ayutthaya)

Durch ihre Lage im äußeren Ring der Metropolregion von Bangkok (siehe Abb. 3 und vgl. dazu auch VORLAUFER, 2011, S. 98) hat die Provinz als traditionelles Reisanbaugebiet und Tourismusdestination mittlerweile auch eine wirtschaftliche Rolle als Industriestandort eingenommen. So haben sich durch den immensen Flächenverbrauch auf der Gemarkung der administrativen Sonderzone Bangkok (Bangkok Metropolitan Administration, BMA) und deren unmittelbaren Umgebung und durch die Einrichtung von sog. Industrial Estates (IE), ausgewiesener Flächen für Industriezonen, zahlreiche Betriebe in der verarbeitenden Produktion in der Provinz ansiedeln können (VORLAUFER, 2011). Im konkreten Fall sind dies mittlerweile vier Zonen (Einrichtung der Zonen schwerpunktmäßig seit den 1990er Jahren), wovon eine Zone explizit als „Exportorientierte Produktions-Zone" (EPZ) fungiert. Für die Bevölkerung bringt diese Dynamik in der Provinz Vorteile, so können sich die Menschen, welche bisher vom Reisbau lebten, durch die Arbeit in der industriellen Produktion, einen besseren Lebensunterhalt erlangen. Tabelle 1 veranschaulicht die rasante Entwicklung bzgl. der Ansiedlung von Industriebetrieben (2003 – 2006), wobei v.a. die Provinz Ayutthaya in diesem Zeitraum eine Steigerung von Betrieben und Beschäftigten (knapp 40 % Zunahme) verzeichnen kann.

Tabelle 1: Veränderung der Anzahl von Industriebetrieben und dort Beschäftigter. (Quelle: National Statistical Office of Thailand, 2004, 2007)

Administrative Einheit	2003		2006		Veränderung in %	
	Betriebe	Beschäftigte	Betriebe	Beschäftigte	Betriebe	Beschäftigte
Provinz Ayutthaya	1.419	120.724	1.605	168.065	+ 13.10	+ 39.20
Zentral-Thailand	55.282	2.480.398	57.765	2.850.807	+ 3.20	+ 14.90
Thailand	118.176	3.186.488	125.347	3.686.705	+ 6.10	+ 15.70

VEERAVONG und PONGSAPICH (2000) kommen zu dem Schluss, dass sich Ayutthaya als Zentrum des Reisanbaus in Thailand und seine von der Landwirtschaft geprägte Gesellschaft auf dem Weg in eine urbanisierte, industrialisierte Gesellschaft befindet. Jedoch sind nach VORLAUFER (2011) auch negative Muster solcher Industrieparks zu beobachten. Trotz attraktiver Bedingungen für Investoren ist es bspw. in der Nachbarprovinz Pathum Thani nicht gelungen ein 196 ha großes Areal mit Produktionsstätten zu belegen. Dies ist dem Umstand der nicht adäquaten Ausstattung (z.B. Infrastruktur, v.a. Zufahrtsstraßen) geschuldet, was ein besonderes Qualitätsmerkmal für die Ansiedlung von Unternehmen darstellt und in anderen Bangkok umgebenen Regionen (Samut Sakhon und Eastern Seaboard) sichtlich besser funktioniert, da dort die Agglomerationseffekte effizienter ausgenutzt werden. Aufgrund der Abkehr vom ursprünglich landwirtschaftlichen Alltag der Provinzbewohner haben sich einige Bewohner zu Bürgergruppierungen zusammengefunden, welche die eigentliche Identität als Reisbauern symbolisch weiter repräsentieren und somit auch den Wandel und das Erreichen ihrer Ziele zu mehr Beteiligung am lokalen Fortschritt rechtfertigen (VEERAVONG und PONGSAPICH, 2000).

4.5 Schlussfolgerungen

Die zentralistische Stellung von Thailands Hauptstadt Bangkok wird trotz Dezentralisierung auch zukünftig nicht eingeschränkt werden. Dies ist nicht nur aus der geographischen Lage der Stadt ersichtlich, sondern spielt sich auf sämtlichen Ebenen von Politik, Wirtschaft und Gesellschaft ab. VORLAUFER (2011) prangert das Entwicklungsgefälle des Zentrums und den Provinzen an, was nur sehr langsam, und hier in Form der in Kapitel 4.4 erwähnten IE´s geschieht, die in den größeren Provinzstädten im Norden, Nordosten und Süden in Planung sind bzw. zu einem kleinen Teil schon umgesetzt wurden. Die NESDP spielen hierbei ökonomisch gesehen auch eine tragende Rolle. Jedoch sind diese auch aus zentralistisch-sozialistisch geprägten Staaten (man denke dabei an die ehemalige Sowjetunion) bekannten 5-Jahrespläne nach Auffassung des Autors kein grundlegendes Hilfsmittel zur Bewältigung der alltäglichen Probleme der thailändischen Bevölkerung in den Regionen außerhalb Bangkoks. Der TAO Act (1994, bzw. 1997 in der Verfassung) war sicherlich die richtige Strategie der Regierung, um die Selbstverwaltung auf regionaler bzw. lokaler Ebene zu fördern. Die Dezentralisierung der Administration wird immer wieder auf der Tagesordnung der 5-Jahrespläne stehen, aber konkrete Ergebnisse sind, wie auch SOPCHOKCHAI (2001) bemerkt, nicht erreicht worden. Die zahlreichen Unruhen in Thailand mit deren Höhepunkt im Mai 2010, die über 90 Todesopfer forderten (NEW YORK TIMES, 2010), haben gezeigt, dass sich die ländliche Bevölkerung gegen die aus Bangkok „diktierte" Politik durchaus zu Wehr setzt und mehr Gleichberechtigung, v.a. in Form finanzieller Unterstützung fordert. Das eindeutige Ergebnis der Wahlen vom 03. Juli 2011 hat gezeigt, wie stark das Ungleichgewicht zwischen Bangkoks Elite und den Landbewohnern zu sein scheint und die (politische) Hoffnung nun in den Händen der Pheu-Thai-Partei (Partei für Thais) und Yingluck Shinawatra liegt. Auch in der eigentlich nicht weit von Bangkok entfernten Provinz Ayutthaya (ca. 80 km) war das Ergebnis eindeutig zugunsten der Herausforderin von Abhisit Vejjajiva ausgefallen. Geht es nach den politischen Grundsätzen der neuen Regierungsführung, so dürfte nach Ansicht des Autors in absehbarer Zukunft Hoffnung für die Bevölkerung aus den Provinzen bestehen. Jedoch hat sich in den letzten Jahren gezeigt, wie kurz die Regierungen in Thailand überdauern. Es bleibt trotz Anerkennung des Wahlsiegs durch das einflussreiche und üblicherweise auf Seiten der Elite in Bangkok stehende Militär abzuwarten, wie sich diese Instanzen (Militär und Regierung) zukünftig begegnen.

5 Anthropogene Ursachen für Hochwasserkatastrophen und Akteure im thailändischen Hochwassermanagement

5.1 Anthropogene Ursachen für Hochwasserereignisse

Hochwasser sind weltweit für 40 % der Naturkatastrophen verantwortlich (NOJI, 1991, in ASSANANG-KORNCHAI et al., 2004). Auch in Thailand sind die meisten Katastrophen mit Wasser in Verbindung zu bringen (AMORNTHIP, 2010). Aber sind diese im Bereich Hochwasser nicht auch teilweise menschgemacht?

Thailand hat sich in den letzten Jahrzehnten wirtschaftlich stark weiterentwickelt und ist von einem landwirtschaftlich geprägten Land auf dem Weg auch eine Industrienation zu werden. Die auch in Kapitel 4.4 angesprochene Abkehr vom Reisanbau hin zu einträglicheren Erwerbszweigen, wie etwa der Produktion von (Massen)Gütern bereitet v.a. in puncto Flächenverbrauch enorme Probleme. Das produktive, fruchtbare Ackerland wird durch Trockenlegung für die Ansiedlung von Industriebetrieben benötigt und verursacht für den natürlichen Bedarf an Retentionsflächen durch die Versiegelung enorme Probleme, da das Monsunhochwasser nicht abfließen kann. SIRIPONG et al. (2000) teilen die Auffassung, dass die intensive Flächennutzung der Flusseinzugsgebiete für den wirtschaftlichen Aufschwung Thailands sorgt. Jedoch kann das Wachstum und die stetige Urbanisierung, insbesondere im Großraum Bangkok auch nicht durch effektive Planung eingedämmt werden. Hinzu kommen weiterhin die Abholzung von Wäldern und die Übernutzung von Grundwasserreserven, was dazu beiträgt, dass die Chao-Phraya-Ebene in seiner Höhenlage bzw. Topographie, v.a. im Deltabereich, zunehmend auf Meeresniveau absinkt bzw. darunter liegen wird (THANAWAT und KAIDA, 2000 bzw. PRAJAMWONG und SUPPATARATARN, 2009). Der Effekt der Bodenerosion wird durch die globale Erwärmung in seinem Vorgang noch beschleunigt. Derzeit liegt Bangkok auf 1m bis 1,5 m, Ayutthaya auf 4 m ü.NN. Die Nutzung des Chao Phraya (Industrie, Hausgebrauch und Energiegewinnung) muss daher von einer Regulierung beeinflusst werden (PATTANEE, 2006), siehe dazu auch Kapitel 5.2. SULLIVAN (in PITTOCK, 2011) spricht davon, dass es darum geht, welche Maßnahmen gegen die Klimaveränderungen und dessen Auswirkungen auf Hochwasser anvisiert werden. Ihrer Auffassung nach hat das sog. HQ-100[3] ausgedient und ist somit nicht mehr näher in Betracht zu ziehen. Laut MANUTA et al. (2006) lag in der bisherigen Abhilfe der Probleme das Hauptaugenmerk auf strukturellen Maßnahmen (Deiche, Dämme, etc.), welche das Risiko eines Hochwassers teilweise nur in andere Gebiete verlagert haben und sich daraus weitere negative sozioökonomische Folgen im Flusseinzugsgebiet ergeben haben (PRAJAMWONG und SUPPATARATARN, 2000).

---

[3] HQ-100: Abfluss eines Gewässers, der an einem Standort im Mittel alle hundert Jahre überschritten wird. Da es sich um einen Mittelwert handelt, kann dieser Abfluss innerhalb von hundert Jahren auch mehrfach auftreten. Wenn Messzeiträume an Flüssen weniger als 100 Jahre umfassen, wird dieser Abfluss statistisch berechnet. (Quelle: LfU Bayern, URL: http://www.lfu.bayern.de/wasser/hw_schutz_technisch/index.htm).

5.2 Organisation(en) und Akteure des Hochwassermanagements in Thailand

Das Hochwassermanagement stellt einen enorm wichtigen Bestandteil der heutigen Planung dar, in westlichen Ländern spricht man mittlerweile auch vom Hochwasserrisikomanagement *(engl. Flood Risk Management)*, welches nach GRÜNWALD (2005, S. 7) „alle Aspekte und Hochwasservorsorge und -bewältigung einzugsgebietsbezogen umfasst." In Ländern wie Thailand, dessen Bevölkerung grundsätzlich noch mehr mit Hochwasserproblemen zu kämpfen hat als bspw. Deutschland, ist der Bedarf an einem effizienten Hochwassermanagement sehr groß. Die Verantwortung für Maßnahmen und Ausführungsbestimmungen im Katastrophenfall (Hochwasser) liegen zunächst in Hand der staatlichen Institutionen. Nach einer Bürokratiereform aus dem Jahr 2002, sind im Bereich der Verantwortlichkeit im Katastrophenfall große organisatorische Änderungen eingetreten. In diesem Kontext ist es zunächst notwendig grundsätzliche Begrifflichkeiten und theoretische Zusammenhänge im Bereich „Organisation" aufzuzeigen, um die Differenziertheit des administrativen Katastrophenmanagement in Thailand zu verstehen. Es geht um die Dimensionen formaler Organisationsstrukturen, welche insbesondere 1. den Aufbau der Organisation(en) und 2. die Abläufe innerhalb der Organisation(en) meinen (PREISENDÖRFER, 2005). Dabei spielt insbesondere der Umfang der Arbeitsteilung auf horizontaler Stufe innerhalb der Organisation eine Rolle. Demgegenüber steht die vertikale Stufe (Hierarchie), welche die Entscheidungsbefugnisse regelt. So ist im Fall des Katastrophenmanagements in Thailand eine 6-gliedrige (administrative) Hierarchietiefe für die Anordnung, Durchführung und Berichterstattung aus dem Organigramm (Abb. 5, nach AMORNTHIP, 2007, S. 11) ersichtlich.

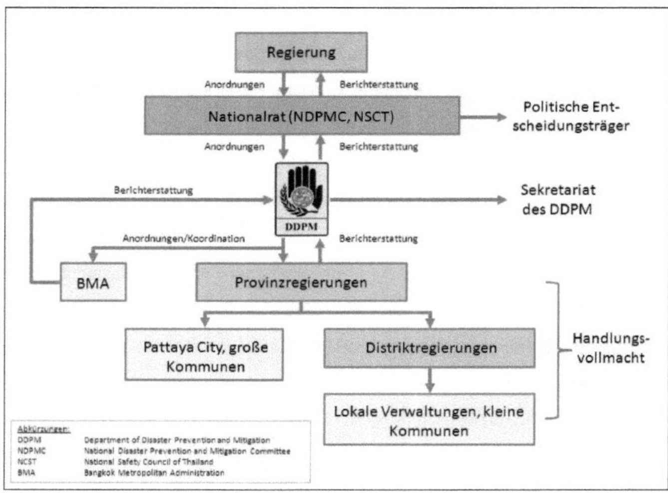

Abbildung 5: Organisationsstruktur im thailändischen Katastrophenmanagement (Quelle: Amornthip, 2010, übersetzt und ergänzt)

Die Organisationsstruktur sagt jedoch nichts über ihre Funktion und Praxis aus. Um eine Organisation zu verstehen und die Vorgänge und Prozesse innerhalb ihrer Instanzen zu messen benötigt man Koordinations- bzw. Konfigurationsmaße (KIESER und WALGENBACH, 2007), wobei letzteres als Zusammenfassung der Merkmale einer Organisation zu sehen ist (Organigramm). Anhand der Konfiguration soll im Rahmen des Feldaufenthalts das thailändische Katastrophenmanagement eingehend untersucht werden.

2002 wurde das „Department of Disaster Prevention and Mitigation" (DDPM) gegründet, welches im Zuständigkeitsbereich des thailändischen Innenministerium angesiedelt ist (AMORNTHIP, 2010). Das DDPM ist federführend in der Koordination und Entscheidungsgewalt im Zusammenhang mit sämtlichen Katastrophenausprägungen, die in Thailand auftreten und gibt auf administrativer Seite die Bestimmungen für die Provinzregierungen seitens etwaiger Handlungen im Ernstfall aus. In Kapitel 5.3 wird nochmals vertieft der Verantwortungsbereich des DDPM für das Hochwassermanagement dargestellt. Die grundsätzlichen Bestimmungen, welche auch die Arbeit des DDPM betreffen, werden vom „National Disaster Prevention and Mitigation Committee" (NDPMC) angeordnet, das gemeinsam mit dem „National Safety Council of Thailand" (NSCT) innerhalb des Nationalrats des Königreichs Thailand angesiedelt ist. Die Anordnungen werden direkt in den Institutionen des DDPM umgesetzt, erfolgen aber auch auf Provinzebene in den „Provincial Disaster Prevention and Mitigation Committees" (PDPMC). In weiteren Kooperationen und enger Zusammenarbeit wird mit folgenden nationalen Behörden Thailands angesichts der Häufigkeit von Hochwassern versucht von staatlicher Seite eine Verbesserung der Abwicklung solcher Ereignisse zu erreichen:

- Thailand Meteorological Department (TMD)
- National Disaster Warning Center (NDWC)
- Royal Irrigation Department (RID)
- Ministry of Information Technology
- Ministry of Natural Resources and Environment (MoNRE)
- Department of Water Resources (DWR)

Ein weiterer Schritt zu mehr Mitbestimmung innerhalb der von Flut betroffenen Flusseinzugsgebiete war die Einführung der „River Basin Committees" (RBC) für alle 25 Einzugsbereiche in Thailand (OSTI et al., 2007). Diese sind dem RID unterstellt und primär zwar nicht für Hochwasserangelegenheiten zuständig, aber der Aufgabenbereich (Information, Planung, Konfliktlösungen sowie u.a. auch das Monitoring und die Bewertung der Arbeit des RID) kann bspw. im Bereich der Bewässerung von landwirtschaftlichen Flächen durchaus mit dem Hochwassermanagement zusammenfallen.

Auch die Nutzung und Bearbeitung sog. „Flood Hazard Maps" (Hochwasserrisikokarten)[4] wird behördlich vom Royal Irrigation Department (RID) unterstützt, jedoch gibt es bis dato keine gesetzliche Verpflichtung für solche Kartenwerke. In diversen Projekten und Untersuchungen (u.a. durch das Asian Institute of Technology (AIT) oder dem National Research Council of Thailand) wurden beachtliche Ergebnisse erzielt (AMNATSAN, 2009), bspw. am Pasak River (einem Nebenfluss des Chao Phraya). Durch den Umstand, dass Hochwasserrisikokarten keinem rechtlichen Rahmen unterliegen, ist die flächendeckende Kenntnis und Verbreitung dieser im Land nur bedingt vorhanden. Für den in Risikogebieten lebenden Personenkreis sind Hochwassergefahren-/risikokarten sehr nützlich, so können die Bewohner erkennen, inwieweit ihre Grundstücke und Wohnstätten konkret betroffen sein können. Dabei ist auf eine einfache und pragmatische Darstellungsweise zu achten, damit die Nutzer die Kartenwerke auch lesen und verstehen können. Dies stellt insofern auch einen Beitrag zur Partizipation (Kapitel 6.2) dar.

5.3   Das „Department of Disaster Prevention and Mitigation" (DDPM) als Leitinstitution der thailändischen Katastrophenbewältigung

Das bereits mehrfach erwähnte Department of Disaster Prevention and Mitigation (DDPM) nimmt im thailändischen Katastrophenmanagement eine Führungsrolle ein. Das Katastrophenmanagement basierte bis zum Jahr 2002 auf dem „Civil Defence Act" von 1979 (AMORNTHIP, 2010). Die bürokratische Neustrukturierung hatte die Gründung des DDPM zur Folge, v.a. um eine einheitliche Koordinierung hinsichtlich Vorbeugung und Bewältigung von Naturkatastrophen zu gewährleisten. AMORNTHIP (2010) hat die Verantwortlichkeiten und Aktivitäten deskriptiv zusammengefasst. Das DDPM ging aus vier staatlichen Organisationen hervor, hatte im Jahr 2010 eine Mitarbeiterzahl von 4.746. Die innere Struktur des DDPM hat neben den Abteilungen *Technische Angelegenheiten, Betriebliche Koordination und Administration* auch Niederlassungen auf regionaler Ebene sowie in allen Provinzen, was die Abstimmung im Katastrophenfall vor Ort erleichtern soll. In Abstimmung mit den relevanten staatlichen Behörden der Regierung, den lokalen Administrationen sowie auch dem Privatsektor ist das DDPM verantwortlich für die Erstellung und Umsetzung eines nationalen Katastrophenschutzplans, welcher die Gültigkeit von drei Jahren besitzt und in diesem Turnus neu aufzulegen ist. Hierbei untergliedert sich dieser „Masterplan" in den National Plan und Provincial Plan sowie einen Plan für die Sonderadministration Bangkok (Bangkok Metropolitan Administration, BMA). Dabei beinhalten diese sowohl Budgetierung, Maßnahmen und Richtlinien, um das Katastrophenmanagement effizient und systematisch zu koordinieren.

---

[4] Der Begriff „Flood Hazard Map", Hochwasserrisikokarte wird im angelsächsischen Sprachraum auch analog zur Hochwassergefahrenkarte verwendet. In der BRD werden im Hochwasserschutz jedoch diese beiden Kartentypen parallel genutzt. Diese unterscheiden sich inhaltlich (Quelle: LfU Bayern, URL: http://www.lfu.bayern.de/wasser/hw_risiko/index.htm).

Das DDPM unterscheidet sein Management in drei Phasen (AMORNTHIP, 2010):

- **Preparedness Phase** (Erstellung eines Katastrophenschutzplans; Ausbildung der verantwortlichen Personen (Offizielle sowie auch Freiwillige und die allgemeine Öffentlichkeit); Bereitstellung von Equipment, Fahrzeugen u.ä.; Durchführung von (Schutz)Übungen)

- **Prevention and Mitigation Phase** (Frühwarnungen ausgeben (für Risikoregionen) und evtl. Anordnung von Evakuierungen; Einberufung eines Koordinations-Zentrums (Operation Center); Sicherstellung von schneller Hilfe für betroffene Personen; Nutzung sämtlicher verfügbarer Kommunikationseinrichtungen im Notfall; Verbreitung von Information zu Gefahren auf nationaler Ebene)

- **Recovery Phase** (nach Schadensabschätzungen durch die Instanzen (lokal, Distrikt, Provinz) werden Entschädigungen und Kompensationen für Betroffene angewiesen; Aufräum- und Wiederaufbauarbeiten werden delegiert; Koordination von Langzeit-Wiederaufbaumaßnahmen)

Die Finanzmittel, die für das DDPM jährlich aufgebracht werden sind seit 2003 (ca. 1 Mrd. Thai ฿) auf etwa 2,5 Mrd. Thai ฿ (2010) gestiegen, was derzeit knapp 60 Mio. € entspricht. Zum Vergleich: die Bundesrepublik Deutschland stellt für das Haushaltsjahr 2011 282,6 Mio. € für den Bevölkerungsschutz und die Katastrophenhilfe bereit[5]. Seit 2006 hat das DDPM in mittlerweile 51 Provinzen Übungen, insbesondere im Bereich Verhalten bei Hochwassergefahr und Schlammlawinen, durchgeführt. Andere Programme und Aktivitäten beinhalten des Weiteren die Einführung sog. Emergency Response Teams (ERT). Hierbei werden für die diversen Kategorien von Katastrophen speziell geschulte Gruppen eingesetzt (verteilt auf 18 regionale Zentren des DDPM), um konkrete Gefahrenabwehr zu leisten. Das Freiwilligenprogramm (eingeordnet unter Preparedness Phase, s.o.) soll auf lokaler Ebene eine geschulte Gruppierung für den Ernstfall bereitstellen und hat derzeit ca. 1 Mio. Personen in seinen Reihen.

5.4 Schlussfolgerungen

Die Forderung nach besserer Organisation im Katastrophenmanagement und hier v.a. im Hochwassermanagement hat nicht nur Besserungen im humanitären zur Folge, sondern dient auch der Entwicklung der betroffenen Regionen. Wenngleich die Abwendung vom traditionellen agrarischen Sektor hin zur Industrialisierung Probleme in der Flächennutzung mit sich bringt und durch vermehrte Bodenversiegelung der natürliche Abfluss von Hochwassern beeinträchtigt ist, wird sich dieser Transformationsvorgang nicht bremsen lassen. Lediglich eine effiziente Planung unter Beteiligung aller relevanten Akteure kann langfristig sicherstellen, dass die von Überschwemmungen bedrohten Gebiete und deren Einwohner eine Minderung dieser Risiken erfahren können. In puncto Flächen-

---

[5]Bundesministerium des Innern, 2011:
(Quelle: URL: http://www.bmi.bund.de/DE/Themen/Sicherheit/BevoelkerungKrisen/Rahmenkonzeption
/rahmenkonzeption_node.html)

verbrauch durch Ansiedlung von (großen) Industrieunternehmen, haben diese, auch wenn sie eine große Wirtschaftsleistung für Thailand erbringen, dafür Sorge zu tragen, alle umwelt- und katastrophenschutzrelevanten Vorkehrungen einzuhalten. Die in Thailand weit verbreitete Korruption begünstigt aber die oftmals unzureichende Durchsetzung umweltrechtlicher Bestimmungen.

Aus Sicht des Autors wäre die flächendeckende und gesetzliche Einführung sog. Hochwassergefahren/-risikokarten ein wichtiger (zusätzlicher) Schritt, um die Bevölkerung hinsichtlich der bestehenden Gefahr eines Flutereignisses zu warnen. Die Erstellung und der Einsatz dieser arbeitsintensiven Informationsgrundlagen wird aufgrund fehlender Finanzmittel thailandweit sicher nicht realisierbar sein, jedoch sind die jüngsten Projekte der in den Kapitel 5.2 erwähnten Institutionen in diesem Zusammenhang sehr erfolgversprechend.

Die Errichtung einer federführenden zentralen Stelle für den Katastrophenschutz in Thailand war ein wichtiger und notwendiger Schritt. Einerseits ist das Engagement der Regierung und zuständigen Instanzen zu loben, andererseits gibt es institutionell im Katastrophenfall durchaus sehr große Defizite, welche, wie auch SOPCHOKCHAI (2001) erwähnte, in der tatsächlichen Umsetzung der Dezentralisierung zu suchen sind. Willkürliche Verteilung von Entschädigungen bzw. Interessen der Verantwortlichen auf lokaler Ebene führen auch hier zu Disparitäten zwischen Bewohnern. So haben bspw. indigene Völker im Norden Thailands keinen generellen Anspruch auf Entschädigungszahlungen, weil sie meist nicht in Besitz eines thailändischen Personalausweises sind. Diese und weitere Unzulänglichkeiten sowie eine Untersuchung der Organisationsstruktur des thailändischen Katastrophenmanagements bzw. dem DDPM sollen Gegenstand der Feldforschung sein.

6 Probleme des Hochwassermanagements und Partizipation der lokalen Bevölkerung

6.1 Das Hochwassermanagement Thailands und seine Probleme in der Praxis

Zentral ist die Fragestellung der Funktion des Hochwassermanagements in seiner Praxis vor Ort. Die praktische Umsetzung des Hochwassermanagements ist nach MANUTA et al. (2006) noch sehr defizitär. Dies ist v.a. auf die bereits angesprochene hierarchisch-administrative Koordination zurückzuführen, wobei hier von „institutionellem Unvermögen" die Rede ist. Auf der regionalen bzw. lokalen Ebene (*Changwat* bzw. *Tambon*) ist die Hilfe im Katastrophenfall nicht in akzeptabler Zeit vor Ort. LEBEL et al. (2010) führen die Organisations- und Koordinationsprobleme im thailändischen Hochwassermanagement auf fünf institutionelle Gefahren zurück:

- **Aufgabenverteilung** (bürokratische Loslösungserscheinungen und Konkurrenzkampf führen zu unzureichender Koordination)
- **Unbeugsamkeit** (Überbetonung von Kontrolle, Stabilität und Beseitigung von Zweifeln am Hochwassermanagement sowie das Aufrechterhalten und Bestärken ineffizienter Institutionen, welche Mitspracherecht haben)
- **Normen** (zu enge Konzentration von Ressourcen und Kapazitäten auf einzelne Ebenen, Ausblendung der Vorteile von Herausforderungen und Wechselbeziehungen bei zuständigen Instanzen)
- **Interessen der Oberschicht** (Vernachlässigung schwacher, betroffener Gruppen mittels Einsatz von Technik und interessengeleiteten Vorhaben)
- **Krise(n)** (Fokus der Verantwortlichen liegt (aus politischen und medienwirksamen Erwägungen) vorwiegend auf konkreten Katastrophenereignissen, nicht in einer effektiven, langfristigen Planung im Hochwassermanagement)

Die Einführung des DDPM sollte, wie in Kapitel 5.4 beschrieben als erforderlicher Schritt in ein effizienteres Hochwassermanagement gesehen werden, jedoch ohne dabei die schwächeren, ärmeren und meist schwerwiegender betroffene Bevölkerung außer Acht zu lassen. WISITWONG und McMILLAN (2010) sprechen bei den Folgen von Überschwemmungen auch von sekundären Effekten, welche sich bspw. in Stress äußern. Da durch Ernteausfälle die finanzielle Existenz bedroht ist, können Kredite nicht mehr bedient werden. Trotz dieser Anhäufung problematischer Umstände sind die Menschen in gewisser Weise von den Hochwassern abhängig (v.a. im Reisanbau). Die Summe der Folgen eines Hochwassers mündet in die Frage nach der (aktiven) Beteiligung (Partizipation) dieser betroffenen Bevölkerungsgruppen am Hochwassermanagement und inwiefern diese durch Teilhabe an Entscheidungen vorab besser hätte darauf vorbereitet sein können. Mehr dazu in Kapitel 6.2. In der Öffentlichkeit ist eine Hinwendung zu mehr Mitbestimmung in diesen Angelegenheiten sichtbar. Hierbei spielen die beteiligten Akteure, Institutionen bzw. Organisationen und deren Interessen die

entscheidende Rolle. DICKE und MEIJERINK (2008) betonen insbesondere den sich abzeichnenden Wandel in puncto Umgang und Verantwortung mit Flutereignissen. Eine Trennung privater und öffentlicher Verantwortung bei Hochwasser ist in der Diskussion. Insbesondere in den Niederlanden wird diese Aufteilung von den betroffenen Bürgern selbst wahrgenommen. Die Einbindung bzw. Partizipation der Bewohner ins Geschehen und in damit die Möglichkeit der Einflussnahme auf Entscheidungen, von denen sie direkt betroffen wären ist einer der höchsten Maßstäbe, die in diesem Zusammenhang anzustreben sind. Inwieweit sich eine solche Wahrnehmung auch auf Thailand übertragbar machen lässt, soll im Feldaufenthalt im Rahmen dieses Projekts untersucht werden.

6.2 Partizipation der lokalen Bevölkerung am Hochwassermanagement

Eine Voraussetzung für einen notwendigen Wandel in der Bewältigung von (Hochwasser)Katastrophen ist die aktive Beteiligung der Bevölkerung am Geschehen, die Partizipation. Nach SAGIE (2000) u.a. (in: KIESER und WALGENBACH, 2007, S. 168) wird Partizipation als „das Recht bezeichnet, an Entscheidungen mitzuwirken zu können." Als zentrales Element dieser demokratischen Teilnahme an politischen und gesellschaftlichen Handlungen und Entscheidungen sieht MOßMANN (1994) das vorhandene Wissen der lokalen Bevölkerung. Partizipation hat nach Auffassung MOßMANNS von Verfechtern der Dritten Welt (Entwicklungsländer) die Förderung demokratischer Selbstentfaltung zum Ergebnis. Hingegen wird das Vorhandensein von Wissen, so MOßMANN weiter, auch als Machtfaktor gesehen, was in Übertragbarkeit auf lokales Hochwassermanagement in Thailand zwangsläufig zu Differenzen zwischen Institutionen und der betroffenen Bevölkerung führen kann. Die Bedeutung von Partizipation und deren Prozesse sind nach Auffassung von FÜRST und SCHOLLES (2008) jedoch mehr als nur Mitbestimmung im Planungs- und Entscheidungsprozess. Partizipation wird als Ressource verstanden, welche diese Prozesse gezielt lenken und effektiver machen soll. Somit soll die Planung nach FÜRST und SCHOLLES (2008) adressatengerechter werden. Es stellt sich die Frage wo bzw. wann Partizipation beginnt: Ist nicht die reine Information der betroffenen Bürger über Hochwassergefahr schon Partizipation? Letztlich bedeutet Partizipation das Zusteuern auf einen Konsens bzw. die Herbeiführung einer Entscheidung durch alle am Prozess beteiligten Akteure, beginnend mit der ersten grundlegenden Idee eines Vorhabens.

Auf Stufe des Hochwassermanagements in Thailand soll Partizipation insbesondere auch als Hilfe zur Selbsthilfe dienen. Durch Motivation, d.h. an der Planung vor Ort teilzuhaben und relevante Maßnahmen mitzutragen (FÜRST und SCHOLLES, 2008), werden das Selbstbewusstsein und die Willensbildung der Bevölkerung erhöht. Die NESDP (z.B. „Eighth Plan", S. 59) betonen ausdrücklich die Beteiligung der Bevölkerung an der Entwicklung ihrer lokalen Umgebung: „Promoting popular participation in regional and rural development will provide opportunities for local people to improve their potentials for independently finding solutions to problems which benefit individuals, families and communities. This will in turn ensure more timely and evenly distributed development." Dies gilt

v.a. auch unter Miteinbeziehung von Interessenvertretungen lokaler oder regionaler NGO´s und Selbsthilfegruppen. Das Nutzen vorhandenen lokalen Wissens zum Hochwasserproblem wird am Beispiel des Hausbaus auf Stelzen deutlich (HIRUNSALEE und KANEGAE, 2010). Beim Reisanbau und der damit verbundenen künstlichen Bewässerung bzw. gezielter Flutung der Felder wird auch auf die Beobachtung von Naturphänomenen zurückgegriffen. So wird die Wanderung von Ameisen in höhere Lagen als Zeichen anstehender Regenfälle gewertet, was dem Reisbauern im Zusammenhang mit der Bestellung seiner Felder hilfreich ist. HIRUNSALEE und KANEGAE (2010) zeigen damit auf, dass lokales Wissen im Gegensatz zu technischen Lösungen v.a. die kostengünstigere Variante von Hochwasserprävention darstellt. Das Wissen der Menschen vor Ort im Umgang mit Naturkatastrophen stellt mit die wichtigste Grundlage zur Daseinsberechtigung der Partizipation dar.

6.3 Lösungsansätze und Übertragbarkeit anderer Projekterfahrungen im Hochwassermanagement auf die Chao Phraya-Region

Neben den in Kapitel 5.2 angesprochenen River Basin Committees (RBC) für die jeweiligen Einzugsgebiete der thailändischen Flüsse sowie den sog. Hochwassergefahren-/risikokarten sind auf regionaler bzw. lokaler Ebene noch weitere Ansätze denkbar. Eine gute Orientierung bieten die Projekte der Mekong River Commission (MRC), einer grenzübergreifenden Vereinigung der Mekong-Anrainerstaaten, wobei Myanmar und die Volksrepublik China lediglich eine Dialog- und Beobachterrolle einnehmen. Ziel der MRC ist die tragfähige Entwicklung der Mekong-Region unter regionaler Kooperation der beteiligten Länder (MRC, 2005). Im Vergleich zur Chao Phraya-Region, die geographisch innerhalb Thailands liegt, offenbart die multilaterale Kooperation am Mekong nach außen scheinbar mehr Interessenskonflikte. Eine vertiefte Überprüfung der Organisationsstrukturen und Praktiken der MRC ist im Rahmen dieser Arbeit nicht möglich, jedoch sollen die Tätigkeitsfelder und Projekte der MRC im Bereich Hochwassermanagement (Flood Management and Mitigation) als Beispiel für die Anwendung im Chao Phraya-Becken (RBC) dienen (MRC, 2005):

- regionales Zentrum für Hochwassermanagement und -gefahrenherabsetzung
- strukturelle Flutabwehrmaßnahmen
- Verbesserung der Notfallmaßnahmen bei Hochwasserereignissen
- Flächennutzungsplanung

Probleme im Bereich Hochwassermanagement sind auch am Mekong bzw. innerhalb der MRC offenkundig, so etwa die Versuche Hochwasserprobleme erst bei Eintritt einer Überflutung anzugehen (short-term plans) sowie der Stadtplanung von Siedlungen entlang des Mekong, die ebenso keiner langfristigen Planung unterliegen und Folgen einer Überschwemmung nicht berücksichtigen (PIM-WAPEE, 2010). LEBEL und TAN SINH (2011) weisen auch trotz der intensiven und wichtigen Hochwasserpolitik durch die MRC darauf hin, deren Arbeit von der betroffenen Bevölkerung kritisch zu bewerten und ständig zu beobachten (Monitoring). Am Red River in Vietnam wird über andere Erfah-

rungen mit Hochwassermanagement berichtet (LEBEL und TAN SINH, 2011). Die strukturellen Maßnahmen vor Ort haben die Bevölkerung der hochwassergefährdeten Gebiete anwachsen lassen, so
dass die Gefahr durch die Baudichte und den Siedlungsdruck angestiegen ist. Die dort lebenden und
arbeitenden Personen sind sich durch die Strukturmaßnahmen (z.B. Deiche) der Hochwassergefahr
nicht mehr bewusst bzw. dorthin migrierte Menschen kennen diese Gefahren gar nicht.

6.4   Schlussfolgerungen

Der stetige Ruf nach Verbesserungen im Hochwassermanagement und bei der Partizipation der lokalen Bevölkerung verlangt auch nach Möglichkeiten die Arbeit und Verantwortlichkeit der beteiligten
Institutionen (z.B. DDPM) zu beobachten (Monitoring) und zu evaluieren (MANUTA et al., 2006),
wozu auch die Berücksichtigung (historisch) von Änderungen in den Zuständigkeiten gehört. Die
Schaffung von Strukturen und Bereitstellung von Ressourcen und Finanzmitteln ist nur dann sinnvoll,
wenn diese in Art und Umfang an der richtigen Stelle eingesetzt werden. Der Beitrag lokalen Wissens
zur Milderung des Umgangs mit Hochwassern ist auch, wie bereits in Kapitel 6.2 erwähnt, unter finanziellen Gesichtspunkten enorm wichtig, wird bisweilen aber noch nicht erweitert wahrgenommen. LEBEL und TAN SINH (2011) kommen zu dem Schluss, dass Hochwassermanagement seine
Berechtigung zum großen Teil noch immer aus technisch-struktureller Sicht bezieht. Die Übertragbarkeit anderer Projekterfahrungen wie etwa aus Ergebnissen und Untersuchungen der Mekong
River Commission (MRC) kann sinnvoll sein und steht sicherlich zur Diskussion um die Vulnerabilität
für Hochwasser in der Chao Phraya-Ebene zu mindern. Es zeigt aber auch auf, wo Probleme auftauchen, die man zukünftig bzw. unter den herrschenden Voraussetzungen am Chao Phraya vermeiden
kann.

7   Fazit und Ausblick auf die Feldforschung

Die Literaturauswertung zu Problemstellungen im Zusammenhang von Naturkatastrophen (hier:
Hochwasser) sowie auch der regionalen Entwicklung in Entwicklungs- oder Schwellenländern, die auf
dem Weg zu einer Industrienation sind, könnte man ins Unendliche betreiben. Der begrenzte Zeitrahmen sowie die Beschränkung auf eine bestimmte Untersuchungsregion sind daher sinnvoll, jedoch nicht weniger herausfordernd. Die Recherchen zur Problemstellung und die Ermittlung des
derzeitigen Forschungsstands führten im Rahmen dieses Studienprojekts bzw. auch bzgl. der Hinführung zur Masterthesis zu weitreichenden Erkenntnissen. Zusammenfassend konnten diverse offene
Fragen bzw. Problemlagen erkannt werden, die in dieser Arbeit vorab zwar nicht hypothetisch formuliert werden, aber Gegenstand der empirischen Feldforschung vor Ort sein sollen.

Die bisherigen Untersuchungen bringen zum Ausdruck, wie notwendig ein Prozess der Dezentralisierung in Thailand ist, aber gleichzeitig wird deutlich, dass diese langwierige Entwicklung nur unter
Partizipation der Bevölkerung einen positiven Weg gehen kann. Die Defizite in der administrativen

Koordination werden trotz der Bemühungen der thailändischen Regierung(en) durch ungleiche Distribution von Ressourcen und Korruption hervorgerufen. Die jüngsten Parlamentswahlen vom 03. Juli 2011 zeigten sehr eindeutig die Unzufriedenheit der ländlichen Bevölkerung. Es bleibt abzuwarten inwieweit sich die politische Lage weiter entspannt und Thailand wieder einen Weg zu mehr Demokratie und Gerechtigkeit finden wird. Weitere Fragen im Bereich Dezentralisierung und regionaler Entwicklung stellen sich, v.a. bezogen auf die Untersuchungsregion Ayutthaya, hinsichtlich weiterer Ansiedlung von Industriebetrieben und dem zwangsläufigen Anstieg der Beschäftigtenzahl in diesen Produktionsstätten. Tritt der Reisanbau in der Region in den Hintergrund? Die damit einhergehende Problematik des Flächenverbrauchs durch versiegelte Areale mit der Folge von Schwierigkeiten des Wasserabflusses bei Hochwassern soll untersucht werden (anthropogene Hochwasserursachen).

Die Literatur und Forschung zum Thema Hochwassermanagement zeigt, dass sich notwendige Fortschritte in puncto Koordination und Organisation insbesondere durch einen strukturellen Aufbau und gezielte Aufteilung von Zuständigkeiten bis auf die lokale Ebene offenbaren. Die Praxis des Hochwassermanagements ist aber nicht nur durch den Einsatz im Katastrophenfall zu bewerten, sondern v.a. auch durch eine Analyse der Organisationsstruktur relevanter Einrichtungen. Das DDPM als leitende Organisation im Katastrophenmanagement dient hier als sehr gutes Beispiel und soll während des Feldaufenthalts hinsichtlich seiner Organisationsstruktur intensiver betrachtet werden. Die Miteinbeziehung der lokalen Bevölkerung in die Angelegenheiten des Hochwassermanagements stellt den wohl wichtigsten Eckpunkt der Untersuchungen in Thailand dar. Die Bedeutung lokalen Wissens zur besseren Prävention und Bewältigung bei Hochwasserereignissen wird in der Literatur deutlich dargelegt. Partizipation als Schlüssel zu mehr (regionaler) Entwicklung und Hilfe zur Selbsthilfe (bei Hochwasser) sowie zu mehr Einflussnahme bzgl. Handlungen und Entscheidungen auf lokaler Ebene ist in den NESDP zwar manifestiert, aber wie sieht die Realität aus? Dieser Frage soll vor Ort empirisch nachgegangen werden.

Die Herangehensweise an eine empirische Forschungsarbeit erfordert vorab eine detaillierte Vorbereitung und Konzeption von Methoden. Hier sei verwiesen auf DANIELZYK (1999), der mit seinem Konzept für empirische Regionalforschung anhand des Regulationsansatzes versucht Themenfelder (primäre und sekundäre) abzugrenzen, die den Zugang zu einem Raum oder Region erleichtern sollen. Der persönliche Bezug des Autors zu Thailand und der Vorteil vorhandener Kontakte ist in diesem Zusammenhang sehr nützlich. Eine gezielte und strukturierte Vorbereitung auf diese spannende Herausforderung erleichtert die Angelegenheit noch mehr!

8 Literatur- und Quellenverzeichnis[6]

ADRC (2010): Overview of Flood/Landslide Situation (13 Dec. 2010). URL: http://www.adrc.asia/documents/disaster_info/ DDPM_Disaster_Summary_141210.pdf (Zugriff: 05.08.2011)

AMNATSAN, S. (2009): Progress Report. Flood Hazard Mapping in Thailand. Tsukuba, Japan, ICHARM. URL: www.icharm.pwri.go.jp/training/2009seminar/progressreport2009_thai2.pdf (Zugriff: 01.06.2011)

AMORNTHIP, P. (2010): Thailand profiles on Disaster Reduction 2011. Asian Disaster Reduction Center (ADRC). URL: http://www.adrc.asia/countryreport/THA/2010/THAILAND_CR2010B.pdf (Zugriff: 24.06.2011).

BAKER, C. und P. PHONGPAICHIT (2009): A History of Thailand. Melbourne, Cambridge University Press.

BANGKOK POST (2011): URL: http://www.bangkokpost.com/news/local/252818/death-toll-in-ravaged-provinces-climbs-to-37 (Zugriff: 22.08.2011)

BANGKOK POST (2010): URL: http://archives.mybangkokpost.com/bkkarchives/frontstore/news_detail. html?aid=277464&textcat=General%20News&type=a&key=flood&year=2010&click_page=3&search_cat=text&from=text_s earch (Zugriff: 19.04.2011).

BLECHSCHMIDT, K., T. ECK und K. GÖTZ (2010): Südostasien. Diercke Spezial. Braunschweig, Bildungshaus Schulbuchverlage.

CORNWEL-SMITH, P. (2010): Typisch Thai. Alltagskultur in Thailand. Bangkok, Riverbooks.

DANIELZYK, R. (1999): Ein Konzept für empirische Regionalforschung. In: Handlungszentrierte Sozialgeographie. Benno Werlens Entwurf in kritischer Diskussion (Erdkundliches Wissen, Bd. 130). Meusburger, P. (Hrsg.). Stuttgart, Steiner Verlag, S. 213-230.

DICKE, W. und S. MEIJERINK (2008): Shifts in the Public-Private Divide in Flood Management. In: Water Resources Development, Vol. 24 (4), S. 499-512.

DONNER, W. (1989a): Thailand ohne Tempel. Lebensfragen eines Tropenlandes. Frankfurt, R.G. Fischer Verlag.

DONNER, W. (1989b): Thailand. Räumliche Strukturen und Entwicklung. Wissenschaftliche Länderkunden, Band 31. Darmstadt, Wissenschaftliche Buchgesellschaft.

FÜRST, D. und F. SCHOLLES, Hrsg. (2008): Handbuch Theorien und Methoden der Raum- und Umweltplanung. Dortmund, Rohn Verlag.

GRABOWSKY, V. (2010): Kleine Geschichte Thailands. München, Verlag C.H. Beck.

GRÜNWALD, U. (2005): Vom Hochwasser-„Schutzversprechen" zum Hochwasser-„Risikomanagement." In: Magdeburger Wasserwirtschaftliche Hefte (Bd. 1, 2005), S. 7. Jüpner, R. (Hrsg.). Aachen, Shaker Verlag.

HERGET, J. (2008): Hochwasser, Sturzfluten und Ausbruchsflutwellen. In: Naturrisiken und Sozialkatastrophen. Felgentreff, C. und T. Glade (Hrsg.). Berlin/Heidelberg, Spektrum Akademischer Verlag, S. 365-378.

HIJADAT, R. (2008): Community Based Disaster Risk Management – Erfahrungen mit lokaler Katastrophenvorsorge in Indonesien. Felgentreff, C. und T. Glade (Hrsg.). Berlin/Heidelberg, Spektrum Akademischer Verlag, S. 165-172.

HIRUNSALEE, S. und H. KANEGAE (2010): The Use of Local Knowledge and ist Transfer for Community Self-Protection Development in flood Prone Residential Area. In: World Academy of Science, Engineering and Technology, Issue 0064 (89), 2010, S. 480-485.

KIESER, A. und P. WALGENBACH (2007): Organisation. Stuttgart, Schäffer-Poeschel Verlag.

KUMPA, L. (2011): The 11th. Eleventh National Economic and Social Development Plan. The First National Seminar on Green Growth Policy Tools for Low Carbon Development in Thailand, Bangkok, 23-24 Feb. 2011.

LEBEL, L. und B. TAN SINH (2011): Risk Reduction or Redistribution? Flood Management in the Mekong Region. In: Asian Journal of Environment and Disaster Management, 3/2011, S. 23-39.

LEBEL, L., J. MANUTA und P. GARDEN (2010): Institutional traps and vulnerability to changes in climate and flood regimes in Thailand. In: Regional Environmental Change, Vol. 11 (1), S. 45-58.

MANUTA, J., SUPAPORN K., D. HUAISAI und L. LEBEL (2006): Institutionalized Incapacities and Practice in Flood Disaster Management in Thailand. In: Science and Culture, Jan-Feb. 2006, S. 10-22.

MEKONG RIVER COMMISSION/MRC (2005): URL: http://www.mrcmekong.org/mekong_program_ceo.htm (Zugriff: 05.06.2011).

---

[6] Fettgedruckte Literaturhinweise stellen die Schlüsselliteratur der Arbeit dar.

MOßMANN, P. (1994): Selbsthilfe, innergesellschaftliche Souveränität und Föderalismus – entwicklungspolitisch betrachtet, In: Demokratie und Partizipation in Entwicklungsländern. Politische Hintergrundanalysen zur Entwicklungszusammenarbeit. Oberreuter, H. und H. Weiland (Hrsg.). Paderborn, Schönigh Verlag.

MOLLE, F. (2007): Scales and power in river basin management: the Chao Phraya River in Thailand. In: The Geographical Journal, Vol. 173, No.4, S. 358-373.

NATAKUATOONG, S. (2000): Engineering education for rural development in Thailand. 3rd. UICEE annual Conference on Engineering Education, Conference Proceedings: Collaboration in Engineering Education, S.396-399.

NATIONAL ECONOMIC AND SOCIAL DEVELOPMENT BOARD (1997): Eighth National Economic and Social Development Plan, 1997-2001 (NESDP).

NATIONAL ECONOMIC AND SOCIAL DEVELOPMENT BOARD (2007): Tenth National Economic and Social Development Plan, 2007-2011 (NESDP).

NATIONAL STATISTICAL OFFICE OF THAILAND (2007): Statistical Yearbook Thailand 2007 (Special Edition). URL: http://web.nso.go.th/eng/en/pub/pub.htm (Zugriff: 10.12.2010)

NEW YORK TIMES (2010): URL: https://www.nytimes.com/2010/09/20/world/asia/20thai.html (Zugriff: 23.04.2011)

NOJI, E.K. (1991): In: The flooding of Hat Yai: predictors of adverse emotional responses to a natural disaster. Assanang-kornchai, S., S. Tangboonngam und J.G. Edwards (2004). In: Stress and Health, 20, S.81-39.

OSTI, R., T. TOKIOKA and S. TANAKA (2007): Flood Hazard Mapping Related Problems in Thailand and Cambodia. Tsukuba, Japan, ICHARM. ICHARM Newsletter, Vol.2 (1), 2007.

PARKER, D. (1999): Flood. In: Natural Disaster Management: a Presentation to Commemorate the International Decade for Natural Disaster Reduction (IDNDR) 1990-2000. Ingleton, J. (Hrsg.). Leicester, Tudor Rose.

PATTANEE, S. (2006): Challenges in Managing the Chao Phraya's Water. 9th. River Symposium, Brisbane, 04-07 Sep.2006. URL: http://www.riversymposium.com/2006/index.php?element=06PATTANEE Surapol (Zugriff: 05.06.2011).

PIMWAPEE, C. (2010): Flood Situation in Mekong-Chi-Mun River Basin (3T and 5T areas). In: Flood Risk Management and Mitigation in the Mekong River Basin. Proceedings. 8th. Annual Mekong Flood Forum, 26-27 May 2010, Vientiane, Lao DPR., S. 258-260.

PRAJAMWONG, S. und P. SUPPATARATARN (2009): Integrated Flood Mitigation Management in the Lower Chao Phraya River Basin. Expert Group Meeting on Innovative Strategies Towards Flood Resilient Cities in Asia-Pacific, Bangkok, 21-23 Jul.2009.

PREISENDÖRFER, P. (2008): Organisationssoziologie. Grundlagen, Theorien und Problemstellungen. Wiesbaden, Verlag für Sozialwissenschaften.

SAGIE, A. (2007): In: Organisation (Kieser, A. und P. Walgenbach). Stuttgart, Schäffer-Poeschel Verlag.

SCHUBERT, K. und M. KLEIN (2006): Das Politiklexikon. Bonn, Verlag J.H.W. Dietz.

SIRIPONG, H., W. KHAO-UPPATUM und S. THANOPANUWAT (2000): Flood Management in Chao Phraya River basin. Proceeding of the International Conference on the Chao Phraya Delta: Historical Development, Dynamics and Challenges of Thailand's Rice Bowl, Bangkok, 12-15 Dec. 2000.

SOPCHOKCHAI, O. (2001): Good Local Governance and Anti-corruption Through People's Participation: A Case of Thailand. Worldbank. URL: http://siteresources.worldbank.org/INTWBIGOVANTCOR/Resources/1740479-1149112210081/2604389-1149265288691/2612469-1149265301559/orapin_paper.pdf (Zugriff: 23.04.2011)

SULLIVAN, C. (PITTOCK, J.) (2011): Going back to nature: the "soft path" to flood risk reduction. In: Water21 (13/2), April 2011, S. 12-14.

THANAWAT, J. and Y. KAIDA (2000): The Imagescape of the delta into the year 2020: Proceeding of the International Conference on the Chao Phraya Delta: Historical Development, Dynamics and Challenges of Thailand's Rice Bowl, Bangkok, 12-15 Dec. 2000.

VEERAVONG, S. und A. PONGSAPICH (2000): Dynamics of Ayutthaya Region. Flood Management in Chao Phraya River basin. Proceeding of the International Conference on the Chao Phraya Delta: Historical Development, Dynamics and Challenges of Thailand's Rice Bowl, Bangkok, 12-15 Dec. 2000.

VORLAUFER, K. (2011): Südostasien. Darmstadt, Wissenschaftliche Buchgesellschaft.

WISITWONG, A. und M. McMILLAN (2010): Management of flood victims: Chainat Province, central Thailand. In: Nursing and Health Sciences, Vol. 12/2010, S. 4-8.

Erratum zur Arbeit

„Hochwassermanagement und regionale Entwicklung in Zentral-Thailand",

09.09.2011, zur Abbildung 2, Seite 6: Hochwasser in Thailand – Betroffene Provinzen in der Zentral-Region

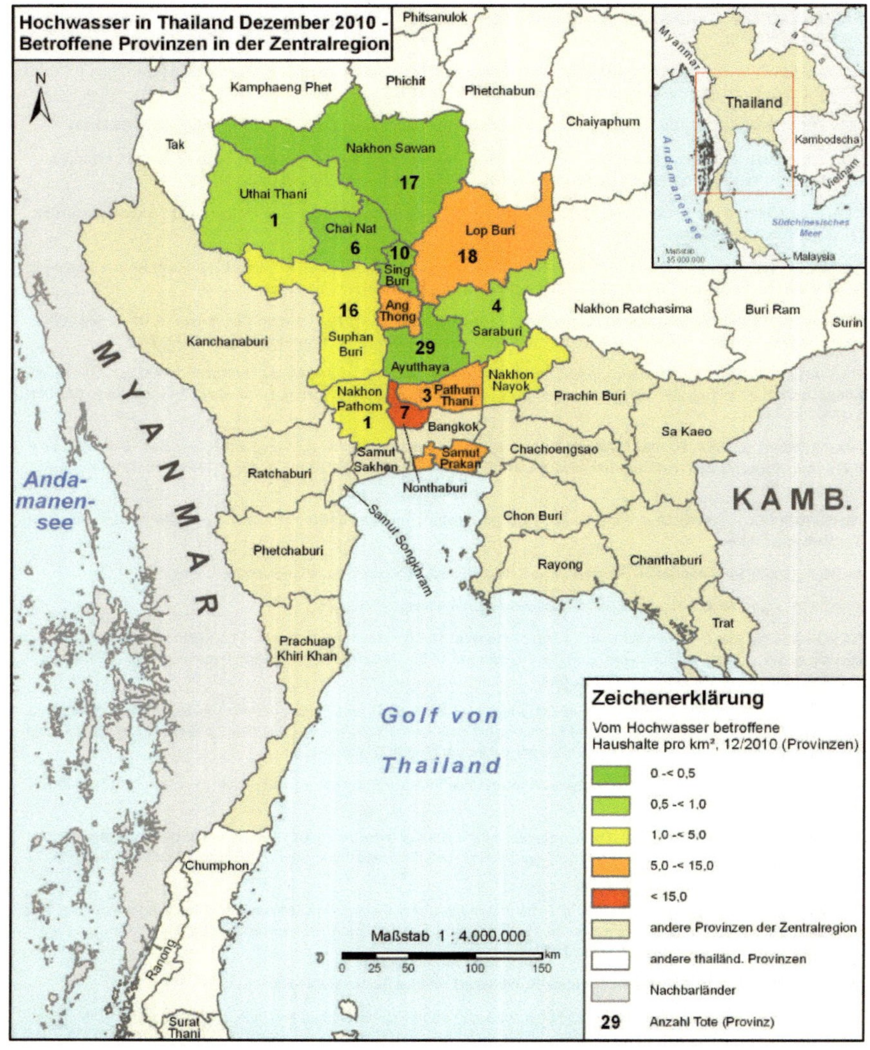

Abbildung 2: Hochwasser in Thailand – Betroffene Provinzen in der Zentral-Region (Eigene Graphik, Quelle: Department of Disaster Prevention and Mitigation (13.12.2010); Datengrundlage Karte: URL: http://www.diva-gis.org/gData)